世界《せかい》一《いち》おもしろい ペンギンのひみつ

もしもペンギンの赤《あか》ちゃんが絵《え》日記《にっき》をかいたら

監修

上田一生（ペンギン博士）

製作

ペンギン飛行機製作所

penguin airplane factory

サンマーク出版

はじめに

世界中《せかいじゅう》には18種類《しゅるい》のペンギンがいると言《い》われています。
この本《ほん》でとりあげるのは、そのなかでも
もっとも大《おお》きく、もっとも寒《さむ》い南極《なんきょく》でくらす「皇帝《こうてい》ペンギン」。
卵《たまご》から生《う》まれて、海《うみ》に「巣立《すだ》つ」までには
約《やく》6か月《げつ》かかります。この間《かん》、小さなヒナのお世話《せわ》を、
お父《とう》さんペンギンとお母《かあ》さんペンギンが交互《こうご》に行《おこな》います。
お父《とう》さんがヒナのお世話《せわ》をしているときには、
お母《かあ》さんが海《うみ》に食《た》べ物《もの》をとりに行《い》き、
やがてお母《かあ》さんが海《うみ》から帰《かえ》ってくると、

お世話《せわ》の役目《やくめ》を交代《こうたい》して、こんどはお父《とう》さんが
海《うみ》に食《た》べ物《もの》をとりに行《い》きます。
これを何度《なんど》もくりかえし、ヒナはすこしずつ大《おお》きくなって、
やがてはひとりで海《うみ》に入《はい》る「巣立《すだ》ち」のときをむかえるのです。

この本《ほん》は、そんなヒナが、生《う》まれてから巣立《すだ》つまでの間《あいだ》に
もしも「絵日記《えにっき》」をかいたらどうなるだろう？
という視点《してん》でかかれています。
笑《わら》いあり、涙《なみだ》あり。
南極《なんきょく》でたくましく生《い》きる皇帝《こうてい》ペンギンたちの
「ひみつ」をお楽《たの》しみください。

映画「皇帝ペンギン　ただいま」より

この本《ほん》のご案内役《あんないやく》は、
「ペンギン飛行機製作所《ひこうきせいさくじょ》」の「ぺんた」です。
インスタグラムで人気《にんき》がでて、
2018年秋公開《ねんあきこうかい》の
映画《えいが》「皇帝《こうてい》ペンギン　ただいま」の
公式《こうしき》キャラクターもつとめています。

ぺんたは、皇帝《こうてい》ペンギンのヒナ。
寝《ね》ぐせがトレードマークで
食《く》いしん坊《ぼう》で、おっちょこちょい。
でも、なんにでも一生懸命《いっしょうけんめい》な男《おとこ》の子《こ》です。

この本《ほん》の解説《かいせつ》ページでは
「ぺんたポイント」として
皇帝《こうてい》ペンギンの特徴《とくちょう》を
教《おし》えてくれていますよ。
そちらも、ぜひお楽《たの》しみに！

それでは、皇帝《こうてい》ペンギンの物語《ものがたり》、
はじまりはじまり〜。

CONTENTS

PART 1 生《う》まれた!

ペンギンたちが氷《こおり》の上《うえ》にやってきた……10
「これがパパ!?
これがナンキョク!?」……14
皇帝《こうてい》ペンギンは氷《こおり》の上《うえ》で子育《こそだ》てする……16
「パパの足《あし》のうえって、とっても
あったかい!」……18
最初《さいしょ》の子育《こそだ》てはパパ……20
「ママはお魚《さかな》をとるのが
じょうずなんだって」……24
しっぽからは絶対《ぜったい》食《た》べない……26
「パパっておっきい!
ぼくもおっきくなりたい」……28
皇帝《こうてい》ペンギンはとっても大《おお》きい!……30
「すごいあらし!」……32
おしくらまんじゅうでグルグルまわる……34
「パパにミルクもらったよ~」……36
オスなのにミルクを出《だ》すの!?……38
「ママ、パパがやせちゃった……」……40
パパは2か月《げつ》ちかく何《なに》も食《た》べていない……42
「かえってこられないママもいるんだって」……44
どうしてママは帰《かえ》ってこられないのか……46
「ママがかえってきた!!」……48
じつはペンギンは
自分《じぶん》の子供《こども》がわからない……50

PART 2 お魚《さかな》食《た》べた！

「パパがいっちゃった……」……54
今度《こんど》はオスが海《うみ》へ！……56
「わーい、お魚《さかな》食《た》べさせてもらった！」……58
ママはどうやってエサを運《はこ》んだの？……60
「ねえ、どうして道《みち》にまよわないの？」……64
方向音痴《ほうこうおんち》のペンギンはいない……66
「ママの足《あし》のうえあったかい！」……68
寝《ね》ぐせがつくペンギンもいる！……70
「ぎゃーーー！
ウンチかけられた!!」……72
ウンチを2mも飛《と》ばす！……74
「パパがかえってきた!!」……76
ペンギンに心《こころ》はあるの？……78

PART 3 歩《ある》いた！

「ぼく、氷《こおり》のうえを歩《ある》いたよ！」……82
歩《ある》くようになるのに
21〜30日《にち》かかる……84
「ほいくえんにいってきたよー！」……86
ペンギンにも保育園《ほいくえん》がある!?……88
「こわい！ カモメがおそってきた!!」……92
大人《おとな》がヒナたちを守《まも》る！……94
「ママだ！ ママがかえってきた」……98
ペンギンはなぜ1列《れつ》で歩《ある》くのか……100

PART 4

これが海《うみ》！

「パパがいっちゃった…」……106
お腹《なか》を使《つか》ってソリのようにすべる！……108
「パパ、ぼく人間《にんげん》さんを見《み》たよ！」……112
どうやったら南極《なんきょく》に行《い》けるの？……114
もしもペンギンを家《いえ》で飼《か》うとしたら……116
「どうしてぼくはお空《そら》をとべないの？」……118
ペンギンは「海《うみ》」を飛《と》ぶことをえらんだ……120
「あったかくなったなあ」……124
ヒナが氷《こおり》にお腹《なか》をつけるワケ……126
「ママもいっちゃった…」……128
パパもママも海《うみ》へ！……130
「ぼく、なんだか茶色《ちゃいろ》くなってきた」……132
羽《はね》が生《は》え変《か》わる！……134
「友《とも》だちが、みんなで海《うみ》にいこう！　だって」……136
いよいよ巣立《すだ》ち！……138
「わあああ！　これが海《うみ》!!」……140
はじめての海《うみ》！……144
「きょうはこわくて入《はい》れなかった…」……146
すぐには、海《うみ》に入《はい》れない……148
「これが海《うみ》！　ほんとだ！
ぼく海《うみ》をとんでる！」……150
はじめて泳《およ》いだ！……154
「パパ、ママ、ただいま！」……156

PART
1

＼生《う》まれた！／

冬《ふゆ》になると皇帝《こうてい》ペンギンたちは
海《うみ》から氷《こおり》に上《あ》がり、
コロニーと呼《よ》ばれる繁殖地《はんしょくち》に向《む》かいます。
そこで、卵《たまご》が生《う》まれ、ヒナが誕生《たんじょう》するのです。

映画「皇帝ペンギン　ただいま」より

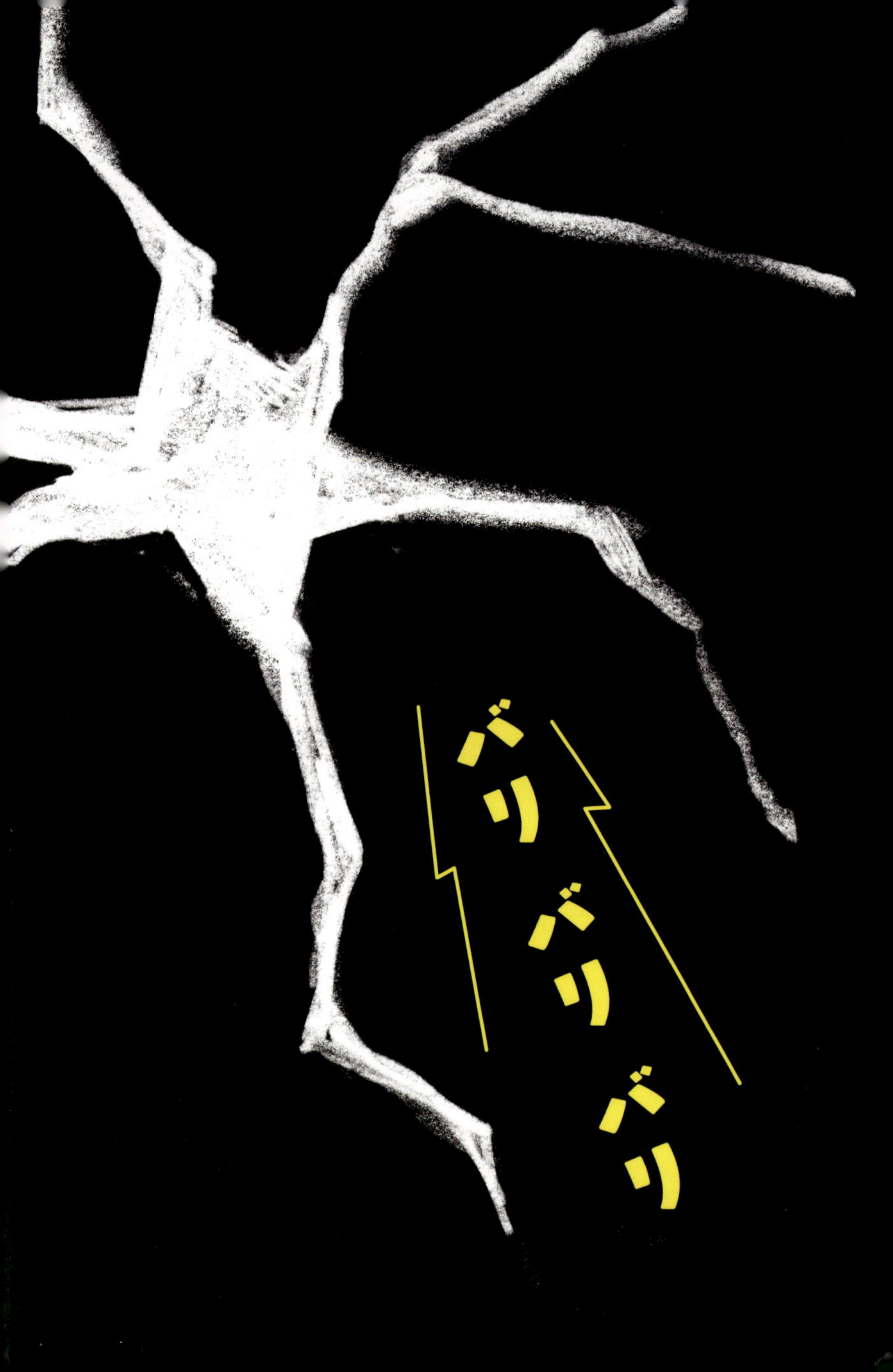
バリバリバリ

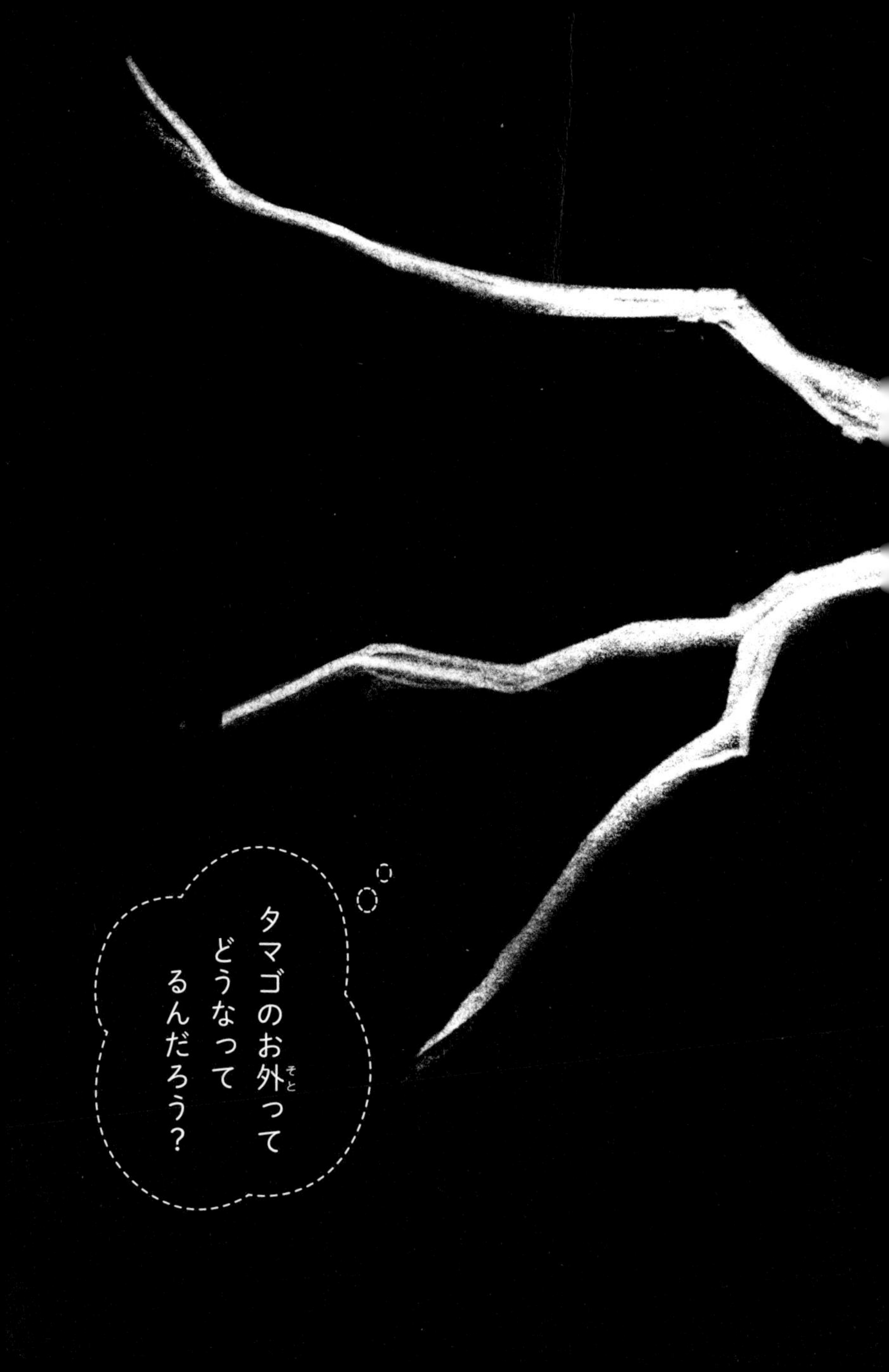
タマゴのお外《そと》って どうなって るんだろう?

7月《がつ》 20日《か》

天気《てんき》（晴《は》れ）

（マイナス20℃）

「これがパパ⁉ これがナンキョク⁉」

わあああぁ、パパっておっきい！

ずっとずっとタマゴのなかにいたんだけど、

きょうはじめてタマゴのお外《そと》にでたらパパがいて

「こんにちは」をした！

ほかのペンギンさんたちもたくさんいたし、

すっごくさむくてびっくりしたけど

パパにあえて、とってもうれしい！

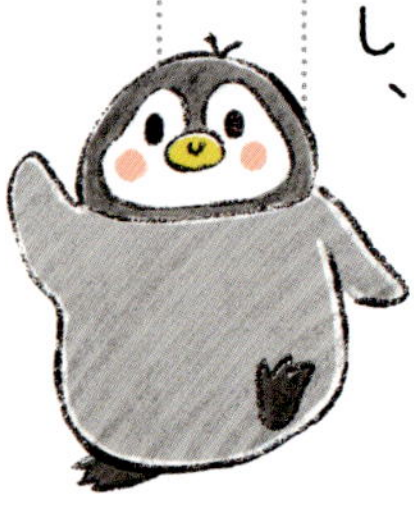

皇帝《こうてい》ペンギンは氷《こおり》の上《うえ》で子育《こそだ》てする

氷《こおり》の上《うえ》には、皇帝《こうてい》ペンギンのオスたちが最初《さいしょ》に上《あ》がり、海《うみ》から約《やく》200km もはなれた「コロニー」(卵《たまご》を産《う》んだりヒナを育《そだ》てたりする場所《ばしょ》)まで歩《ある》きます。その2〜3週間後《しゅうかんご》にメスがやってきます。

皇帝《こうてい》ペンギンの子育《こそだ》ては大変《たいへん》
卵《たまご》が産《う》まれるとすぐ
パーン
よーい
「氷《こおり》の上《うえ》に落《お》としちゃいけないゲーム」がスタート！
ピキーン
なぜなら氷《こおり》の上《うえ》はマイナス5℃

ぺんたポイント

南極《なんきょく》の冬《ふゆ》に繁殖《はんしょく》するのは、皇帝《こうてい》ペンギンだけだよぉ～

7月《がつ》 21日《にち》

天気《てんき》（雪《ゆき》）

（マイナス31℃）

「パパの足《あし》のうえって、とってもあったかい！」

うまれてきてから
ずっとパパの足《あし》のうえにのせてもらってる。
氷《こおり》のうえはとってもつめたいから、
ぼくはパパの足《あし》のうえにいないと
さむくてダメなんだってえ。
ふっかふかのおふとんをかけて
もらってるみたいで、すっごくあったかい！

最初《さいしょ》の子育《こそだ》てはパパ

皇帝《こうてい》ペンギンのメスは、オスに卵《たまご》を渡《わた》すと、エサをとりに海《うみ》に向《む》かいます。メスが帰《かえ》るまで、オスは卵《たまご》をだきつづけます（とちゅうで卵《たまご》はふ化《か》して、ヒナになります）。皇帝《こうてい》ペンギンのまたにある「抱卵斑《ほうらんはん》」という皮《ひ》ふに卵《たまご》をおしあて、羽毛《うもう》が生《は》えたお腹《なか》の皮《かわ》をかぶせて卵《たまご》を温《あたた》めます。立《た》ったまま飲《の》まず食《く》わずでおこなわれる、地球上《ちきゅうじょう》でもっとも大変《たいへん》な子育《こそだ》てです。

足《あし》の上は空洞《くうどう》なの？

親鳥《おやどり》は、お腹《なか》の羽毛《うもう》を一《いっ》本一本《ぽんいっぽん》自由《じゆう》に動《うご》かせるから、ヒナが寒《さむ》くないようにしっかりとだくことができるよ！

ママは
どこに
行ったの？

パパと
ぼくたちは
見ためが
ちがうね
パパの
足の上
あったかい

ぺんたポイント

ヒナは寒《さむ》さにつよくないから、パパが守《まも》ってくれるんだよぉ〜

ずっと足《あし》の上《うえ》にいるのはなぜ？

ヒナは雪《ゆき》や氷《こおり》の上《うえ》に直接足《ちょくせつあし》をのせただけで、寒《さむ》くなりすぎて、命《いのち》を落《お》としかねないんだよ！

あったかーい！

映画「皇帝ペンギン　ただいま」より

7月《がつ》 23日《にち》

天気《てんき》（くもり）

（マイナス25℃）

「ママはお魚《さかな》をとるのがじょうずなんだって」

ママに会《あ》いたい……。

でも、いまママはぼくのために

海《うみ》にお魚《さかな》をとりにいってくれてるんだって。

パパが「ママはお魚《さかな》をとるのがうまいんだよ！」

って言《い》ってた。すごいよねえ。

ママがお魚《さかな》とるところ、見《み》てみたいなあ。

しっぽからは絶対《ぜったい》食《た》べない

皇帝《こうてい》ペンギンは秒速《びょうそく》2〜5.5mで泳《およ》ぎ、魚《さかな》などをとって食べます。魚《さかな》は〝丸飲《まるの》み〟。たった5秒《びょう》もあれば胃《い》のなかに到達《とうたつ》します。

口《くち》のなかで魚《さかな》があばれても、魚《さかな》は逃《に》げられません。魚《さかな》を頭《あたま》から飲《の》み込《こ》んだとき、そのうろこの向《む》きにさからうように、くちばしの内側《うちがわ》や舌《した》の上《うえ》に針《はり》のような突起《とっき》が生《は》えているからです。

かまなくても消化《しょうか》できるの!?

ペンギンには胃《い》が2つあります。「前胃《ぜんい》」では強力《きょうりょく》な胃液《いえき》が消化《しょうか》を助《たす》けてくれ、「真胃《しんい》」（砂肝《すなぎも》）には「すりつぶすはたらき」があります。だから、かまなくても大丈夫《だいじょうぶ》なのです。

ペンギンの早食《はやぐ》い実験《じっけん》!?

テレビ番組《ばんぐみ》で、両側《りょうがわ》が頭《あたま》の魚《さかな》と、両側《りょうがわ》がしっぽの魚《さかな》をペンギンに食《た》べさせる実験《じっけん》をしました。すると、両側《りょうがわ》が頭《あたま》の魚《さかな》を渡《わた》されたペンギンは、一度《いちど》飲《の》み込《こ》んだけれど途中《とちゅう》で出《だ》してしまいました。両側《りょうがわ》がしっぽの魚《さかな》を渡《わた》されたペンギンは、くるくる回《まわ》して頭《あたま》を探《さが》していましたが、口《くち》に入《い》れることすらできませんでした。

ぺんたポイント

体《からだ》のなかは、人間《にんげん》とちがうところがいっぱいだよぉ～

7月《がつ》24日《か》

天気《てんき》（晴《は》れ）

（マイナス23℃）

「ぱぱっておっきい！ぼくもおっきくなりたい」

パパはとってもおっきい。
すごくうえを見《み》あげないと
パパとお目《め》めがあわないから
くびがつかれちゃうんだあ。
ぼくもパパみたいにおっきくなりたいなあ。

皇帝《こうてい》ペンギンはとっても大きい！

地球上《ちきゅうじょう》には「18種類《しゅるい》のペンギンがいる」とされますが、南《なん》極大陸《きょくたいりく》で暮《く》らす皇帝《こうてい》ペンギンは、そのなかでいちばん大《おお》きく、身長《しんちょう》は120㎝にもなります。体重《たいじゅう》は23～45㎏。小《ちい》さい皇帝《こうてい》ペンギンだと小学生《しょうがくせい》と同《おな》じくらいの重《おも》さですが、大《おお》きいものだと人間《にんげん》の大人《おとな》の重《おも》さと変《か》わりません。

いっぽう、卵《たまご》からかえったばかりのヒナは約《やく》15㎝、重《おも》さは約《やく》320gです。

ちなみに寿命《じゅみょう》は、うまく巣立《すだ》ちさえすれば40～50年《ねん》と〝長《なが》生《い》き〟です。

ぺんたポイント

大人《おとな》の大《おお》きさになるまで、6か月《げつ》くらいだよぉ～

身長《しんちょう》
120cm
体重《たいじゅう》
23〜45kg
大人《おとな》の身長《しんちょう》はとび箱《ばこ》8段《だん》の大《おお》きさ!
小学《しょうがく》1年生《ねんせい》の男《だん》子《し》の平均《へいきん》と同《おな》じくらいだよ！
身長《しんちょう》
15cm
体重《たいじゅう》
320g
子供《こども》の身長《しんちょう》は人《にん》間《げん》の赤《あか》ちゃんの約《やく》1/3、体重《たいじゅう》は約《やく》1/10だよ！
1
2
3
4
5
6
7
8

7月《がつ》 26日《にち》

天気《てんき》（嵐《あらし》）

（マイナス38℃）

「すごいあらし！」

きょうはすごいかぜがふいたの。
とってもさむくて、こわかった……。
でも、パパたちオトナがたくさんあつまって
おしくらまんじゅうしながら
ぼくたち子《こ》どもをまもってくれたんだよ。
パパたちかっこよかったなあ。

おしくらまんじゅうでグルグルまわる

南極《なんきょく》の真冬《まふゆ》（7〜8月《がつ》）の最低気温《さいていきおん》は、マイナス30〜60℃にもなります。おまけに「ブリザード」（吹雪《ふぶき》をともなう冷《つめ》たい強風《きょうふう》）が吹《ふ》き荒《あ》れることも。

皇帝《こうてい》ペンギンたちは寒《さむ》さから身《み》を守《まも》るため「ハドリング」（大勢《おおぜい》で身《み》を寄《よ》せ合《あ》うこと）をおこないます。風上《かざかみ》に背《せ》を向《む》けたり、みんなで温《あたた》めあったりすることで、凍《こご》え死《じ》んでしまうのを防《ふせ》ぐのです。

ぺんたポイント

ドキドキして、おしくらまんじゅうになかなか入《はい》れないヒナもいるよぉ〜

ペンギンの体温《たいおん》はどれくらい？

ペンギンの体温《たいおん》は40℃くらいですが、おしくらまんじゅうのメンバーが多《おお》いほどあたたかくなります。

おしくらまんじゅうは誰《だれ》がはじめるの？

誰《だれ》が呼《よ》びかけるわけでもなく、自然《しぜん》にはじまります。やめるときも、合図《あいず》などがあるわけではなく、なんとなく終《お》わります。

何羽《なんわ》くらいでおしくらまんじゅうをするの？

数《かず》はそのときによりまちまち。数羽《すうわ》のこともあれば、何十羽《なんじゅうわ》も集《あつ》まることもあります。

外側《そとがわ》のペンギンは寒《さむ》くないの？

じつは、この「おしくらまんじゅう」は、内側《うちがわ》と外側《そとがわ》をどんどん入《い》れ替《か》えて、みんなが平等《びょうどう》にあたたかくなるように工夫《くふう》されているんです！

7月《がつ》 28日《にち》

天気《てんき》（雪《ゆき》）

（マイナス31℃）

「パパにミルクもらったよ〜」

パパがお口《くち》からミルクを
のませてくれた。
ぼく、おなかすいてたから
たくさんのんじゃった〜。
でも、パパはすこしくるしそうだったなあ……。

オスなのにミルクを出《だ》すの!?

ヒナを温《あたた》めつづけるオスは、海《うみ》にエサをとりに行《い》けないため「自己消化《じこしょうか》」をします。自己消化《じこしょうか》とは、食道《しょくどう》や胃《い》の壁《かべ》などの粘膜《ねんまく》（ゼリーのような白《しろ》いかたまり）がひとりでにはがれ落《お》ちたものを、体内《たいない》にふたたび取《と》り込《こ》み自分《じぶん》の栄養《えいよう》にすることです。

また、それをヒナにも、口《くち》うつしで与《あた》えます。その白《しろ》いかたまりにはタンパク質《しつ》や脂肪《しぼう》が多《おお》くふくまれており「ペンギンミルク」と呼《よ》ばれます。このペンギンミルクのおかげで、ヒナは体重《たいじゅう》が約《やく》2倍《ばい》になるまで育《そだ》ちます。

お母《かあ》さんはおっぱいを出《だ》さない！

ペンギンのメスは、人間《にんげん》のようにおっぱいをあげることはなく、最初《さいしょ》からヒナに魚《さかな》を与《あた》えます。

ぺんたポイント

ペンギンミルクには胃《い》液《えき》もまざってて、ふしぎな味《あじ》がするのぉ〜

8月《がつ》　1日《たち》

天気《てんき》（雪《ゆき》）

（マイナス28℃）

「ママ、パパがやせちゃった……」

すごくおっきかったパパが
さいきん、やせちゃって
なんだかちいさくなったみたい。
パパ、おなかすいてるのかな……。
ぼく、パパのことがしんぱい……。

パパは2か月《げつ》ちかく何《なに》も食《た》べていない

ふだんは、1日《にち》4～5kgもの魚《さかな》を食《た》べる皇帝《こうてい》ペンギン。ですがオスは、メスよりも先《さき》にコロニーに来《き》て、交尾《こうび》をしてメスが卵《たまご》を産《う》んだあと、その卵《たまご》を温《あたた》めながら、約《やく》60日《にち》ものあいだ、飲《の》まず食《く》わずで過《す》ごします。

メスが海《うみ》からもどると、オスはようやくエサをとりに海《うみ》へ向《む》かうことができます。このとき、オスの体重《たいじゅう》は、なんと40%ちかくも減《へ》っています。

Q お腹《なか》がすいて死《し》んじゃうことは？

A ざんねんなことですが、お腹《なか》がすきすぎて死《し》んでしまうオスもいます。

Q どうしてオスが先《さき》にコロニーに来《く》るの？

A オスは先《さき》にコロニーに行《い》って、「場所取《ばしょと》り」をするんです。いい場所《ばしょ》にいるオスほど、メスからはかっこよく見《み》えるので、オスが先《さき》に行《い》くというわけです。

Q お腹《なか》はすかないの？

A オスは、コロニーに来《く》る前《まえ》に海《うみ》でとった魚《さかな》を、胃《い》にたくわえています。それをすこしずつ消化《しょうか》して、空腹《くうふく》をしのいでいます。

Q 人間《にんげん》も2か月《げつ》食《た》べなくても平気《へいき》？

A 人間《にんげん》にはできません。もしも人《ひと》とペンギンが同《おな》じ胃《い》を持《も》っていたら、数《すう》か月《げつ》に1回だけ食《た》べ放題《ほうだい》に行《い》って、お腹《なか》にたくわえておけばいいので、食費《しょくひ》がうきますね。

ぺんたポイント

パパはお魚《さかな》をムダにしないために、ヒナが「ちょうだい」って言《い》わないとお魚《さかな》をくれないよぉ〜

8月《がつ》 2日《か》

天気《てんき》（くもり）
（マイナス29℃）

「かえってこられないママもいるんだって」

ぼく、オトナたちがヒソヒソはなしてるのを
きいちゃったんだけど、
海《うみ》からかえってこられないママもいるんだって……。
どうしてかえってこられないんだろう。
ぼくのママはかえってくるよね？
ぜったいかえってきてね。ぼく、ママに会《あ》いたい。

どうしてママは帰《かえ》ってこられないのか

海《うみ》にエサをとりに行《い》ったメスが、もどってこられるとはかぎりません。海《うみ》にはヒョウアザラシやシャチ、サメなどの天敵《てんてき》がいるからです。また「クレバス」(氷《こおり》のさけめ)に落《お》ち、助《たす》からないことも。

こうなると、待《ま》っているオスとヒナは死《し》んでしまいま

クレバス

氷《こおり》に、何十《なんじゅう》mもの深《ふか》さのさけめができていて、気《き》づかないと、歩《ある》いている間《あいだ》に落《お》ちてしまうぞ！

す。もしくはオスがヒナを置《お》き、自分《じぶん》だけ海《うみ》にエサを食《た》べに行《い》くことも。その場合《ばあい》、ヒナは死《し》んでしまいます。

オオフルマカモメ

「カモメ」という名前《なまえ》に油断《ゆだん》するな！空《そら》からやってきて、くちばしでペンギンをつついてくるぞ！

ヒョウアザラシ

海《うみ》のまわりでペンギンを待《ま》ち伏《ぶ》せして、するどい歯《は》でかみついてくるぞ！

ぺんたポイント

帰《かえ》ってこられなかったママのかわりに、他《ほか》の大人《おとな》がヒナにエサをあげることはないんだって～

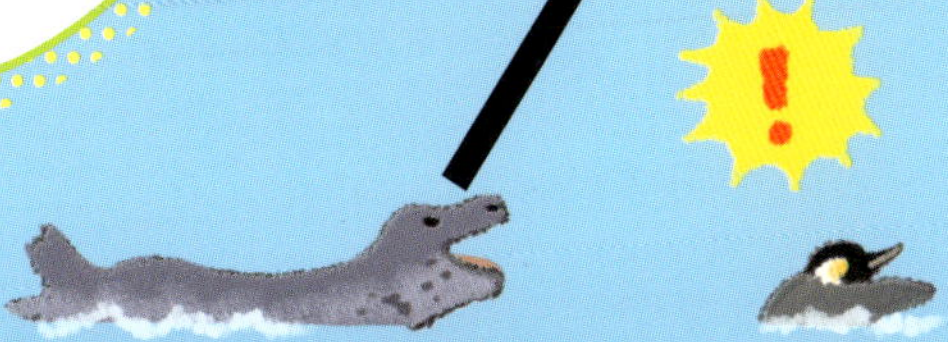

8月《がつ》　3日《か》

天気《てんき》（晴《は》れ）　（マイナス23℃）

「ママがかえってきた!!」

ママがかえってきた！
パパがママに「おかえり」っておこえかけたら
ママがぼくに気《き》づいてくれた！
ママ、なきながらぼくのお目《め》めを見《み》て
「ただいま、はじめまして」って言《い》ってくれた。
ぼくうれしくって、だきついちゃった。
ママ、おかえりなさい!!

じつはペンギンは自分《じぶん》の子供《こども》がわからない

人間《にんげん》は「どのペンギンを見《み》ても同《おな》じ」に感《かん》じますが、じつは、ペンギン同士《どうし》も同《おな》じ。でも「鳴《な》き声《ごえ》」で「自分《じぶん》のパートナーだ」「私《わたし》の子《こ》だ」と判断《はんだん》するのは大《だい》得意《とくい》です。コロニーにもどったら、声《こえ》をたよりに家族《かぞく》を探《さが》します。

この「声《こえ》で相手《あいて》を判断《はんだん》する力《ちから》」は、最初《さいしょ》のパートナー探《さが》しのときにもフル活用《かつよう》されます。メスは、オスの求愛《きゅうあい》の鳴《な》き声《ごえ》を

聞《き》き、「低《ひく》い声《こえ》で長《なが》く鳴《な》ける」（つまり肺活量《はいかつりょう》が大《おお》きい＝体力《たいりょく》がある）オスかどうかを見《み》きわめるのです。

ぺんたポイント

ヒナも、卵《たまご》のなかで聞《き》いていたパパとママの声《こえ》を覚《おぼ》えてるんだよぉ～

ペンギンのオスはナンパが得意《とくい》

求愛《きゅうあい》するとき、オスはできるだけいい声《こえ》を出《だ》して、すべてのメスに声《こえ》をかけます。相手《あいて》を選《えら》ぶ権利《けんり》があるのはメスだけです。

映画「皇帝ペンギン　ただいま」より

PART 2

お魚《さかな》食《た》べた！

8月《がつ》 4日《か》

天気《てんき》（雪《ゆき》）

（マイナス26℃）

「パパがいっちゃった……」

ずっとパパの足《あし》のうえにいたんだけど、
ママの足《あし》のうえにおひっこしすることになったの。
ちょっとだけ氷《こおり》のうえを歩《ある》いたら
すっごくつめたくてびっくりしちゃった。
こんどは、パパが海《うみ》にいくんだって。
パパ、はやくかえってきてね……。
さみしいよ。

今度《こんど》はオスが海《うみ》へ！

メスは、約《やく》２週間《しゅうかん》～１か月《げつ》かけて海《うみ》からもどり、わが子《こ》と感動《かんどう》の対面《たいめん》をします。オスは、ヒナをメスに受《う》け渡《わた》し、海《うみ》へ向《む》かいます。

ぺんたポイント

パパとママとヒナがそろうのは、2〜3時間《じかん》だけなんだよぉ〜

8月《がつ》　5日《か》

天気《てんき》（くもり）
（マイナス23℃）

「わーい、お魚《さかな》食《た》べさせてもらった！」

ママがお魚《さかな》食《た》べさせてくれた！
すごくおいしい！
たくさんもらって
おなかいっぱいになっちゃった。
でもさ、ママ、お魚《さかな》をどうやって
ここまでもってきたの～？

ママはどうやってエサを運《はこ》んだの？

海《うみ》からもどったメスのやくめは、ヒナに持《も》ち帰《かえ》ったエサを与《あた》えること。胃《い》にためこんだエサ（アジ、イワシ、イカ、エビなど）を自分《じぶん》の口《くち》にもどし、ヒナの口《くち》に入《い》れてやります。

なぜそんなことができるのかというと、胃《い》のなかで「自分用《じぶんよう》に〝消化《しょうか》〟する分《ぶん》」と「ヒナ用《よう》に〝保存《ほぞん》〟する分《ぶん》」を分《わ》けているから。最新《さいしん》の研究《けんきゅう》では、「ヒナに持《も》ち帰《かえ》る分《ぶん》」のエサは透明《とうめい》の膜《まく》でつつまれており、それが消化《しょうか》のスピードをおそくできる原因《げんいん》だと考《かんが》えられています。

ぺんたポイント

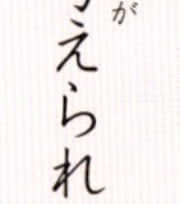

ひとつの胃《い》のなかで、消化《しょうか》する魚《さかな》と、ヒナにあげる魚《さかな》を分《わ》けられるんだよぉ〜。ペンギンの胃《い》の分泌物《ぶんぴつぶつ》から、人間《にんげん》の「老化《ろうか》」をくいとめる薬《くすり》もつくられてるよぉ〜

そのう（前胃）
食道の先にある
食べ物をためておく袋
自分の分は
消化液でやわらかく
子どもにあげる分は
ここで保管されるよ
Uターン
禁止です
ピッ
ピッ
こども用
おや用
いまなら
どちらも
空いてます！
みなさんは
このままお待ちください
2〜3ヶ月ほど
お茶
どうぞ
ズズ…
2〜3ヶ月
!?
消化液シャワー
あびてください
ピッ
ピッ
順番に次の
お部屋へ！
そのう
おさかな
入れまーす
石入れ
まーす
まぜまぜ
しまーす
わーい！
栄養がたくさん
できたよーっ！
砂《さ》のう（真胃）
2〜3cmの石で
すりつぶして
ドロドロに！
砂のう
のこりは
ウンチとおしっこへ…
小腸
体も
あったまるね！

ヒナはお腹《なか》がすくと
親鳥《おやどり》のくちばしを
トントンとつつきます。
すると親鳥《おやどり》は、
エサを胃《い》から口《くち》にもどし、
ヒナに与《あた》えるのです。

映画「皇帝ペンギン　ただいま」より

8月《がつ》 10日《か》

天気《てんき》（雪《ゆき》）　（マイナス26℃）

「ねえ、どうして道《みち》にまよわないの？」

ママはどうして海《うみ》からぼくのところまで
まよわないでかえってこられたの？　ってきいたら
「ママはお目《め》めがとってもいいのよ。だから
とおくが見《み》えるの」って言《い》ってた。すごいよねー。
パパも道《みち》にまよわないでかえってこられるよね？
ってきいたら、「もちろんよ」って言《い》ってた。
わーい、やったー。パパはやくかえってこないかなあ。

方向音痴《ほうこうおんち》のペンギンはいない

皇帝《こうてい》ペンギンは、太陽《たいよう》の高度《こうど》（高《たか》さ）とその位置《いち》で、自分《じぶん》が進《すす》むべき方向《ほうこう》を知《し》ります。太陽《たいよう》の位置《いち》をつねに確認《かくにん》するわけですから、視力《しりょく》もバッチリ。そのうえ人間《にんげん》にはとうてい感知《かんち》できない紫外線《しがいせん》まで、見《み》えています。

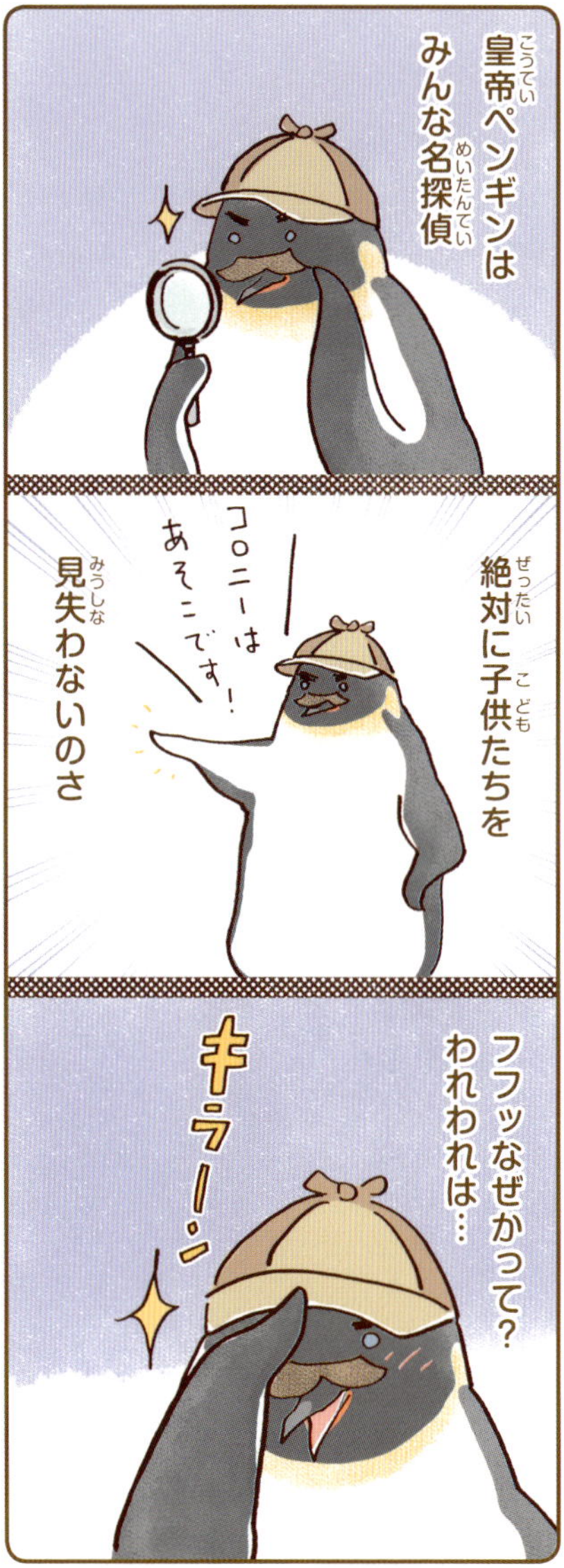
皇帝《こうてい》ペンギンは
みんな名探偵《めいたんてい》
絶対《ぜったい》に子供《こども》たちを
見失《みうしな》わないのさ
コロニーはあそこです！
フフッなぜかって？
われわれは…
キラーン

記憶力《きおくりょく》ばつぐん!!
地形《ちけい》はもちろん…
あの山《やま》にあの岩《いわ》…見覚《みおぼ》えがあるぞ
匂《にお》いも覚《おぼ》えられる
くんくん
この磯《いそ》の香《かお》り…かぎ覚《おぼ》えがあるぞ?
視力《しりょく》もいい!!
コロニー発見《はっけん》!!
人間《にんげん》で言《い》うと5・0くらい
そしてなにより…自分《じぶん》がどこにいるのかつねにわかるGPS機能《きのう》がついている
いまこのへんかな?
頭《あたま》のなかにグーグルアースが入《はい》っているような感《かん》じかな
スマホがないと自分《じぶん》の居場所《いばしょ》がわからないなんて
やれやれ
フウ
人間《にんげん》はタイヘンだね

ぺんたポイント

ペンギンの能力《のうりょく》のうち、どれかひとつが手《て》に入《はい》るとしたら、どれがいい～?

8月《がつ》 13日《にち》

天気《てんき》（雪《ゆき》）

（マイナス25℃）

「ママの足《あし》のうえあったかい！」

ママの足《あし》のうえもあったかい。
きもちよくてずっとねちゃった。
おきたら、ママがぼくのおかおを見《み》て
プーってふきだしてわらったの。
ん？ どうしたの？ ってきいたら
「あなたのアタマよ」だって。
ぼく、ねぐせがついてたみたい。でへへ～。

寝《ね》ぐせがつくペンギンもいる!

最初《さいしょ》はオスに、次《つぎ》はメスに温《あたた》められて育《そだ》つ皇帝《こうてい》ペンギンのヒナ。卵《たまご》のときはもちろん、ふ化《か》した直後《ちょくご》から親《おや》の「抱卵嚢《ほうらんのう》」(ヒナを温《あたた》めるときにかぶせるだぶついた皮《かわ》)にだかれつづけているため、頭《あたま》の羽毛《うもう》に「寝《ね》ぐせ」がつくこともあります。それは親《おや》のやさしさのしるし、ともいえるでしょう。

寝《ね》ぐせはしばらくすると、もとにもどるケースがほとんど。なぜなら南極《なんきょく》では、羽毛《うもう》がととのっていないと体温《たいおん》が一瞬《いっしゅん》で失《うしな》われ、体力《たいりょく》もうばわれ、生《い》きられなくなるからです。

ぺんたポイント

ヒナだけじゃなくて、大人《おとな》になっても、寝《ね》ぐせがつくことがあるんだってぇ～

ママやパパの足《あし》の上《うえ》で丸《まる》くなって眠《ねむ》るとき…
寝《ね》ぐせがついちゃうことがあるんだ

8月《がつ》 18日《にち》

天気《てんき》（晴《は》れ）
（マイナス21℃）

「ぎゃーーー！ ウンチかけられた!!」

ぼく、ママの足《あし》のうえでウトウトしてたら
まえにいたオトナのペンギンさんの
ウンチがとんできて、
ぼくのおかおにかかったんだよーー！
ううう……くちゃい…。

ウンチを2mも飛《と》ばす！

皇帝《こうてい》ペンギンは、好《す》きなときに好《す》きなところでウンチをします。ちかくになかまがいても、おかまいなし。前《まえ》かがみになり、しっぽを上《あ》げウンチをピュッと飛《と》ばします。

なんと2mも飛《と》ぶことも！　においはきょうれ

つ。皇帝《こうてい》ペンギン自身《じしん》も「くさい」と感《かん》じているのか、ウンチの多《おお》くある場所《ばしょ》の氷《こおり》は食《た》べようとしません。

ぺんたポイント

コロニーをよく見《み》ると、足《あし》もとにたくさんウンチが落《お》ちてるのぉ～

2m
ただいまの記録、2.3メートル!!
大記録が出ましたーっ!!
すばらしいですね
ワシの若い頃は3mとばしたものじゃ…
ペチペチ
さすが我がライバル…
腕がなるぜ…!
実況・ペン田
解説・アデリー氏
初代チャンピオン
KOUUN CUP
実況席

8月《がつ》 22日《にち》

天気《てんき》（晴《は》れ）
（マイナス19℃）

「パパがかえってきた!!」

パパだ！ パパがかえってきた!! やったーー！
パパはぼくを見《み》つけるとはしってきてくれて、
にっこりわらって「ただいま！」って。
パパ、 おかえりーー！
「いい子《こ》にしてたかい？」ってきかれたから
「うん！」ってげんきよくこたえた。
ママもとってもよろこんでた。

ペンギンに心《こころ》はあるの？

「動物行動学《どうぶつこうどうがく》」という学問《がくもん》では「生物《せいぶつ》に心《こころ》はあるか」という問題《もんだい》について、昔《むかし》から意見《いけん》がたたかわされてきました。

いまでは「人間《にんげん》のように『むずかしいことを考《かんが》える力《ちから》』はないが、よろこびや悲《かな》しみなどの感情《かんじょう》は

あるだろう」とされています。

また、「アデリー」「ジェンツー」「ヒゲ」という種類《しゅるい》のちがうペンギンたちが協力《きょうりょく》し、天敵《てんてき》からヒナを命《いのち》がけで守《まも》った記録《きろく》が残《のこ》っています。

ですから、心《こころ》はきっとあるはずです。

ぺんたポイント

前《まえ》の年《とし》につがいになったメスとオスが、またつがいになることも多《おお》いんだってぇ。家族《かぞく》になったことを覚《おぼ》えてるんだねぇ～

PART
3

歩《ある》いた！

8月《がつ》 23日《にち》

天気《てんき》（晴《は》れ）

（マイナス18℃）

「ぼく、氷《こおり》のうえを歩《ある》いたよ！」

パパがかえってきたら、
こんどはママが海《うみ》にいっちゃうの。
ぼく、おもわずママをおいかけたの。
そしたらママが「あなた、歩《ある》けるじゃない！」だって。
ほんとだ！　ぼく、氷《こおり》のうえを歩《ある》けたよ!!
ママ、はやくかえってきてね！
こんどはいっしょにおさんぽしようね!!

歩《ある》くようになるのに21〜30日《にち》かかる

卵《たまご》のなかにいるときから、親鳥《おやどり》にだかれて過《す》ごす皇帝《こうてい》ペンギンのヒナ。ふ化《か》してからも、親鳥《おやどり》の足《あし》の上《うえ》に乗《の》りつづけています。親《おや》が移動《いどう》するときでさえ、です。なぜなら、そこがヒナの「していせき」だから。親《おや》どうしの「受《う》け渡《わた》し」のとき、氷《こおり》の上《うえ》を歩《ある》くことはありますが10秒《びょう》たらずのことです。

そんなあまえんぼうのヒナが自分《じぶん》の力《ちから》で歩《ある》きはじめるのは、ふ化《か》から21〜30日《にち》ほどたってからのこと。そうなると親《おや》は身軽《みがる》になり、自分《じぶん》の時間《じかん》がふえることになります。

人間《にんげん》の赤《あか》ちゃんとペンギンの赤《あか》ちゃんの成長《せいちょう》を比《くら》べてみよう！

ペンギン

人間《にんげん》

1か月《げつ》

歩《ある》けるようになるのは…？

1年《ねん》

3日《か》

お魚《さかな》を食《た》べられるのは…？

6か月《げつ》

卵《たまご》のなかから

なくのは…？

生《う》まれてすぐ

5年《ねん》

成人《せいじん》するのは…？

20年《ねん》

ぺんたポイント

ペンギンも、長生《ながい》きして寿命《じゅみょう》がきて死《し》ぬこともあるんだってぇ〜

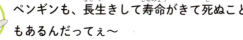

9月《がつ》 4日《か》

天気《てんき》（くもり）　（マイナス18℃）

「ほいくえんにいってきたよー！」

きょうははじめて、
パパとすこしだけはなれて
ぼくたち子《こ》どもだけがあつまる
ほいくえん？　っていうところにいってきたの。
お友《とも》だちもできたよ！
ママがかえってきたら
しょうかいするからねえ。

ペンギンにも保育園《ほいくえん》がある!?

ヒナが生後《せいご》1か月半《げつはん》をむかえるころ、両親《りょうしん》そろってエサをとりに行《い》くようになります。そのあいだ、ヒナは「クレイシュ」をつくります。クレイシュとは保育園《ほいくえん》のような集団《しゅうだん》のこと。そこで体《からだ》を寄《よ》せ合《あ》い、寒《さむ》さや危険《きけん》から身《み》を守《まも》るのです。

親《おや》のどちらかが海《うみ》から帰《かえ》ると、ヒナは親《おや》のもとへともどります。ですから人間《にんげん》の世界《せかい》でいうと、数日間《すうじつかん》の「おとまり保育《ほいく》」になることもめずらしくありません。

＼＼ おしえて!! ／／

ペンギンほいくえん

Q 保育園《ほいくえん》には何羽《なんわ》のペンギンがいるの？

A 保育園《ほいくえん》によって違《ちが》いますが、数羽《すうわ》〜数十羽《すうじゅうわ》くらいです。

Q 何時《なんじ》から何時《なんじ》まで保育園《ほいくえん》にいるの？

A 決《き》まった時間《じかん》はありません。親《おや》ペンギンが帰《かえ》ってきたら、それぞれバラバラの時間《じかん》に帰《かえ》ります。

Q 先生《せんせい》はいるの？

A 近《ちか》くに成鳥《せいちょう》が何羽《なんわ》かいて、ヒナのことを守《まも》ってくれています。

ぺんたポイント

みんなで集《あつ》まっていると、天敵《てんてき》から身《み》を守《まも》りやすくなるんだよぉ〜

映画「皇帝ペンギン　ただいま」より

9月《がつ》　9日《か》

天気《てんき》（☀晴《は》れ）🌡（マイナス16℃）

「こわい！カモメがおそってきた!!」

きょうもほいくえんにいってたの。
そしたらおっきなカモメさんがとんできて
ぼくたちを食《た》べようとしたんだよ！
すっごくこわかった。
オトナのペンギンさんがきてくれたから
ぼく、そのうしろにかくれたんだ。
こわくて目《め》をあけられなかったよ。

大人《おとな》がヒナたちを守《まも》る!

皇帝《こうてい》ペンギンをねらう天敵《てんてき》は、海《うみ》のそばであればあるほど数《かず》がふえます。

ですから、海《うみ》からはなれたコロニーで子育《こそだ》てをするわけですが、それでも天敵《てんてき》はやってきます。

そんな天敵《てんてき》に立《た》ちはだかってヒナを守《まも》るのは、群《む》れにいる大人《おとな》の鳥《とり》たちのやくめです。

ぺんたポイント

翼《つばさ》（フリッパー）でたたいたりかみついたりして守《まも》ってくれるのぉ～

ダメ!!
あれなに??
みちゃいけませんってママが言ってた!!
キャーッ

映画「皇帝ペンギン　ただいま」より

9月《がつ》 17日《にち》

天気《てんき》（くもり）

（マイナス16℃）

「ママだ！ ママがかえってきた」

とおくのほうから、
オトナのペンギンさんたちが
1列《れつ》になってこっちにやってくる。
ママだ！ ママがかえってきたんだ！
やっぱりそうだ！ 手《て》をふってくれてる！
いま「ただいま！」ってきこえた。
ママ、おかえりーー！ 会《あ》いたかったよーー！

ペンギンはなぜ1列《れつ》で歩《ある》くのか

皇帝《こうてい》ペンギンといえば、たて1列《れつ》にならんで進《すす》む「行進《こうしん》」が有名《ゆうめい》です。こう歩《ある》くことで「クレバス（氷《こおり》のさけめ）に落《お》ちるメンバーを減《へ》らせる」からです。もしも、先頭《せんとう》の1羽《わ》がクレバスに落《お》ちると、2羽《わ》めが違《ちが》う道《みち》を進《すす》みます。

「ヨチヨチ歩《ある》き」に見《み》えるのは、じつは足《あし》が長《なが》くて歩《ある》きにくいから（水中《すいちゅう》で泳《およ》ぐほうが得意《とくい》です）。ペンギンは「短足《たんそく》」と思《おも》われがちですが、胴体《どうたい》の下《した》に少《すこ》しでている「足《あし》」は「足指《あしゆび》」でしかありません。ひざを含《ふく》む足《あし》の骨《ほね》のほとんどは

南極鳥新聞
スクープ
ペンギンにはひざがあった!!
体の中に隠す
鳥類の仲間も困惑
「なぜかくしてたの」
▲折りたたまれたひざと長い足が確認できる。
夜中にパパがこっそり足のばしてるとこ、見た!!
ヨチヨチ歩きはカモフラージュ?
いざというときに使うらしいよ
能あるペンギンはひざをかくすって言うもんね
混同注意
キング&

体《からだ》のなかにかくれています。

ぺんたポイント

先頭《せんとう》を歩《ある》くのは、経験豊富《けいけんほうふ》なペンギンなんだってぇ〜

長《なが》い長《なが》い道《みち》のりを、

たて1列《れつ》で進《すす》みます。

映画「皇帝ペンギン　ただいま」より

PART 4

これが海《うみ》！

9月《がつ》 18日《にち》

天気《てんき》（雪《ゆき》）

🌡（マイナス16℃）

「パパがいっちゃった…」

ママとこうたいで
こんどはパパが海《うみ》にいっちゃった。
パパ、おなかをソリみたいにしてスーッて
すすむから、あっというまに
見《み》えなくなっちゃうんだ。
海《うみ》って、どんなところなんだろう。
ぼくもはやく見《み》てみたいなあ。

お腹《なか》を使《つか》ってソリのようにすべる！

皇帝《こうてい》ペンギンは腹《はら》ばいになり、氷上《ひょうじょう》をすべります。この移動法《いどうほう》を「トボガン」と呼《よ》びます。この姿勢《しせい》は、水中《すいちゅう》を泳《およ》ぐときと同《おな》じ。羽《はね》（フリッパー）は使《つか》いませんが、かわりにうしろの足《あし》で氷《こおり》をけって前進《ぜんしん》します。

トボガンの速《はや》さは秒速《びょうそく》80㎝（時速約《じそくやく》3㎞）、歩《ある》く速《はや》さは秒速《びょうそく》60㎝（時速約《じそくやく》2㎞）。クレバス（氷《こおり》のさけめ）がないところで

お腹《なか》が苦《くる》しくないの？

たくましい筋肉《きんにく》と分厚《ぶあつ》い皮《ひ》ふと脂肪《しぼう》の層《そう》があるので、だいじょうぶ。むしろもっとも楽《らく》な姿勢《しせい》なのです。

はトボガン、クレバスがあるところでは用心深《ようじんぶか》くヨチヨチ歩《ある》き、と使《つか》い分《わ》けます。なかまと歩《ある》いていておくれそうになったときは、トボガンで追《お》うことも。

ぺんたポイント

いそいでいるときは、トボガンで進《すす》むよぉ〜

足跡《あしあと》を見《み》ると……

ペンギンが進《すす》んだあとの雪《ゆき》の上《うえ》をよく見《み》てみると、足跡《あしあと》が付《つ》いているところと、線《せん》が付《つ》いているところがある。線《せん》が付《つ》いているところが、トボガンで進《すす》んだところだ！

映画「皇帝ペンギン　ただいま」より

10月《がつ》　1日《たち》

天気《てんき》（晴《は》れ）（マイナス14℃）

「パパ、ぼく人間《にんげん》さんを見《み》たよ！」

ぼく、人間《にんげん》さんを見《み》たよ！
なきごえをきいたんだけど
なにを言《い》ってるかわかんなかった。
ママはなんども見《み》たことがあるらしくて
「らんぼうなことはしないからだいじょうぶよ」
っておしえてくれたんだ。
パパは人間《にんげん》さん見《み》たことある？

どうやったら南極《なんきょく》に行《い》けるの？

南極大陸《なんきょくたいりく》に行《い》くには、クルーズ船《せん》か飛行機《ひこうき》の２通《とお》りの方法《ほうほう》があります。クルーズ船《せん》の場合《ばあい》、多《おお》くがアルゼンチンの「ウシュアイア」から出発《しゅっぱつ》します（約《やく》１００～１５０万円《まんえん》）。飛行機《ひこうき》の場合《ばあい》、ほとんどがチリの「プンタアレナス」

からです（約《やく》1000万《まん》円《えん》）。飛行機《ひこうき》は天候《てんこう》が悪《わる》いと予定日数《よていにっすう》をこえてしまうこともあるため、価格《かかく》が高《たか》くなります。また、大人《おとな》になると、南極観測隊《なんきょくかんそくたい》の隊員《たいいん》となり、お仕事《しごと》で南極《なんきょく》に行《い》くこともできます。

ぺんたポイント

南極《なんきょく》はどこの国《くに》のものでもないんだってぇ～

南極《なんきょく》の広《ひろ》さは
日本《にほん》の約《やく》35倍《ばい》！
広《ひろ》い大陸《たいりく》の98％が
氷《こおり》におおわれて
いるよ！

もしもペンギンを家《いえ》で飼《か》うとしたら

もしも、皇帝《こうてい》ペンギンを家《いえ》で飼《か》うとしたら……、一体《いったい》どんな設備《せつび》が必要《ひつよう》なのでしょうか!?

ぺんたポイント

体育館《たいいくかん》くらいの広《ひろ》さのお家《うち》を建《た》てないといけないねぇ〜

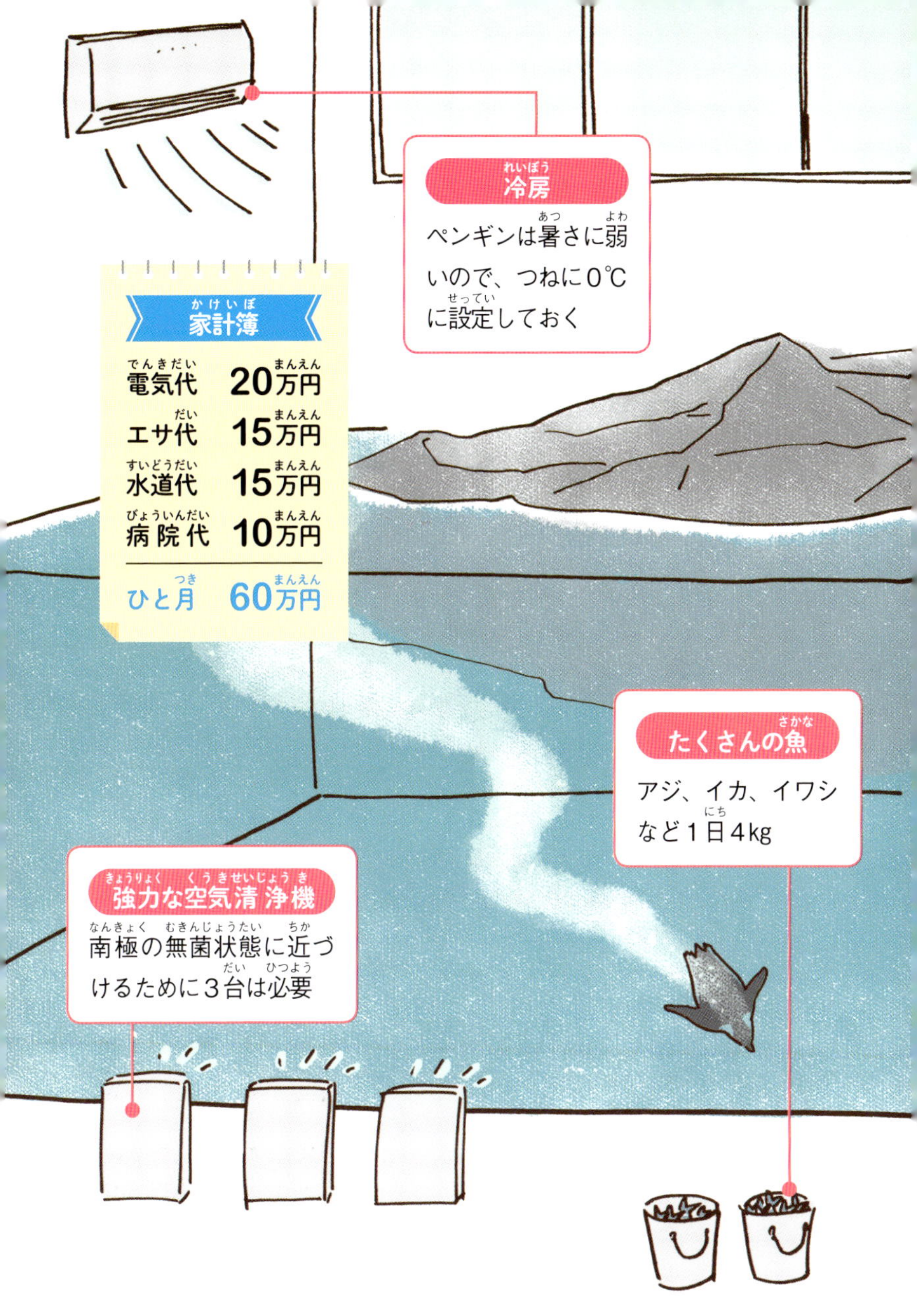
冷房《れいぼう》
ペンギンは暑《あつ》さに弱《よわ》いので、つねに0℃に設定《せってい》しておく
家計簿《かけいぼ》
電気代《でんきだい》 20万円《まんえん》
エサ代《だい》 15万円《まんえん》
水道代《すいどうだい》 15万円《まんえん》
病院代《びょういんだい》 10万円《まんえん》
ひと月《つき》 60万円《まんえん》
たくさんの魚《さかな》
アジ、イカ、イワシなど1日《にち》4kg
強力《きょうりょく》な空気清浄機《くうきせいじょうき》
南極《なんきょく》の無菌状態《むきんじょうたい》に近《ちか》づけるために3台《だい》は必要《ひつよう》

10月《がつ》 25日《にち》

天気《てんき》（晴《は》れ）　（マイナス10℃）

「どうしてぼくはお空《そら》をとべないの？」

どうしてペンギンは
お空《そら》をとべないんだろう？
もしもとべたら、パパやママが
海《うみ》までいくのがラクになるのになあ。
ママにどうしてとべないの？ってきいたら
「ペンギンは海《うみ》のなかをとぶのよ」だって。
海《うみ》のなかをとぶってどういうことなんだろう。

ペンギンは「海《うみ》」を飛《と》ぶことをえらんだ

約《やく》1億《おく》2000万年前《まんねんまえ》、ペンギンの祖先《そせん》の鳥《とり》たちは、おそろしい陸上《りくじょう》の肉食獣《にくしょくじゅう》をさけ、えさを求《もと》め北半球《きたはんきゅう》から南半球《みなみはんきゅう》へ飛《と》び立《た》ちました。南半球《みなみはんきゅう》には鳥《とり》の敵《てき》は少《すく》なく、海《うみ》にはたくさんの食《た》べものがいたからです。

約《やく》7000万年前《まんねんまえ》、ペンギンの祖先《そせん》は飛《と》ぶのをやめ、数《かず》を

ぺんたポイント

空《そら》を飛《と》ぶ鳥《とり》は軽《かる》いんだけど、海《うみ》にもぐるペンギンは、進化《しんか》して重《おも》くなったんだよぉ〜

一気《いっき》に増《ふ》やします。その後《ご》、あたたかった南極《なんきょく》は氷《こおり》の世界《せかい》へ。あたたかい海《うみ》に残《のこ》ったペンギンもいましたが、南極《なんきょく》のまわりの冷《つめ》たい海《うみ》でえさをとるペンギンもいました。「寒《さむ》さをしのぎ、泳《およ》ぎやすくもぐりやすい体《からだ》」へ進化《しんか》しました。こうして、いまの皇帝《こうてい》ペンギンがうまれたのです。

泣《な》くな鳥《とり》たち…
オレは進化《しんか》する

映画「皇帝ペンギン　ただいま」より

11月《がつ》 14日《か》

天気《てんき》（晴《は》れ）

（マイナス4℃）

「あったかくなったなあ」

きょうはすごくあったかい日《ひ》だった。
お友《とも》だちとひなたぼっこしたんだあ。
冬《ふゆ》の氷《こおり》はすっごく冷《つめ》たかったけど
きょうの氷《こおり》はきもちよかったよ～。
海《うみ》のお水《みず》は冷《つめ》たいのかなあ……。

ヒナが氷《こおり》にお腹《なか》をつけるワケ

皇帝《こうてい》ペンギンの体《からだ》は「脂肪《しぼう》」と「羽毛《うもう》」という〝ダブルブロック〟で、寒《さむ》さにたえやすくなっています。反対《はんたい》に、暑《あつ》さをしのぐことは苦手《にがて》。たとえば、ほかの鳥類《ちょうるい》のなかまと同《おな》じく「汗腺《かんせん》」（汗《あせ》を外《そと》にだす器官《きかん》）がないため、汗《あせ》をかいて体《からだ》を冷《ひ》やすことができません。

ですから暑《あつ》いときは、日《ひ》かげにかくれたり、翼《つばさ》（フリッパー）を開《ひら》き胴体《どうたい》と翼《つばさ》のあいだに風《かぜ》を通《とお》したり、くちばしを開《ひら》いて呼《こ》吸《きゅう》をして熱《ねつ》をにがそうとします。また、体《からだ》を冷《ひ》やすため、氷《こおり》にお腹《なか》をつけたりします。

ぺんたポイント

日本《にほん》と南極《なんきょく》の気《き》温《おん》は、同《おな》じ日《ひ》で60℃もちがうときがあるよぉ～！

11月《がつ》 17日《にち》

天気《てんき》（くもり）
（マイナス5℃）

「ママもいっちゃった……」

きょう、ママが海《うみ》にいっちゃった。
「あなたも、もうすこししたらくるのよ。
あなたの生《い》きる場所《ばしょ》は海《うみ》なんだからね」
ママはそういってた。
ぼくの生《い》きる場所《ばしょ》は氷《こおり》のうえじゃないの？
パパもママもいっちゃうなんて……。
さみしいなあ。　おなかすいたなあ。

パパもママも海《うみ》へ！

オスとメスは交互《こうご》に海《うみ》にもどってエサをとっていましたが、ヒナが生後《せいご》１か月半《げつはん》をむかえるころ、両親《りょうしん》はともに海《うみ》に行《い》くようになり、ヒナはクレイシュ（88ページ）で過《す》ごすことも多《おお》くなります。親《おや》はわざとヒナを残《のこ》していくことで、巣立《すだ》ちまぢかのヒナを一人前《いちにんまえ》に成長《せいちょう》させようとするのです。

ヒナはこれくらいの時期《じき》になると、空腹《くうふく》やのどの渇《かわ》きをうるおすため氷上《ひょうじょう》の雪《ゆき》を食《た》べることもあります。ウンチの跡《あと》などがない、新《あたら》しくきれいな雪《ゆき》を好《この》みます。においや見《み》た目《め》で判断《はんだん》できているのだと考《かんが》えられます。

ぺんたポイント

1か月半《げつはん》になると、ヒナは身長《しんちょう》60㎝くらいになるよぉ〜

雪《ゆき》を食《た》べても、頭《あたま》はキーンとならないの？

ペンギンに聞《き》いてみないとわかりませんが……おそらく、ならないはずです。

雪《ゆき》を食《た》べて、お腹《なか》をこわさないの？

ペンギンは、いつもマイナス2℃ほどの海水《かいすい》を飲《の》んでいるので、雪《ゆき》を食《た》べてもお腹《なか》をこわすことはありません。

一度《いちど》に、かき氷何杯分《ごおりなんばいぶん》くらいの雪《ゆき》を食《た》べるの？

1杯分《ぱいぶん》くらいです。そんなに多《おお》くないですね。

11月《がつ》 19日《にち》

天気《てんき》（曇《くも》り）　（マイナス4℃）

「ぼく、なんだか茶色《ちゃいろ》くなってきた」

ぼく、なんだか茶色《ちゃいろ》くなってきた……。
さいきん、羽《はね》がよくぬけるの。
でも、あたらしい羽《はね》もはえてきてる。
ぼくのいろ、なんだかすこし
かわってきた気《き》がする。
パパとママみたいにかっこよくなれるかなあ？

羽《はね》が生《は》え変《か》わる！

羽毛《うもう》には、保温《ほおん》や防水《ぼうすい》の効《こう》果《か》があります。ところが、ときがたつと効果《こうか》はうすれるので、大人《おとな》の場合《ばあい》は1年《ねん》に約《やく》1回《かい》、羽毛《うもう》が生《は》え変《か》わります（換《かん》羽《う》）。その時期《じき》を「換羽期《かんうき》」と呼《よ》びます。換羽期《かんうき》は10日《とおか》～1か月《げつ》。そのあいだは海《うみ》に入《はい》ると凍《こご》えてしまうため、入《はい》れません

ぺんたポイント

ヒナはもふもふの羽毛《うもう》でおおわれているけど、大人《おとな》になると、ウエットスーツみたいにつるつるになるよぉ～

（絶食《ぜっしょく》します）。

ヒナの場合《ばあい》、生後約《せいごやく》9週《しゅう》間《かん》で成鳥《せいちょう》の羽毛《うもう》へと換羽《かんう》をはじめます。古《ふる》い羽毛《うもう》は抜《ぬ》け、防水性《ぼうすいせい》の高《たか》い大人《おとな》の羽毛《うもう》が生《は》え、ようやく海《うみ》へエサをとりに行《い》けるのです。

11月《がつ》 21日《にち》

天気《てんき》（晴《は》れ）

（マイナス3℃）

「友《とも》だちが、みんなで海《うみ》にいこう！だって」

きょうはみんなではなしあって、
ぼくたちも海《うみ》にむかおうってことになった。
そうすればパパとママに会《あ》えるし、
海《うみ》にいるお魚《さかな》を食《た》べることだってできる。
海《うみ》にむかってしゅっぱつだー！
どんなところなんだろうなあ。ワクワクするなあ。

いよいよ巣《す》立《だ》ち！

海《うみ》にでかけたオス親《おや》とメス親《おや》は、ある時期《じき》からわざと、ヒナのもとにもどらなくなります。クレイシュ（88ページ）に残《のこ》されたヒナたちは、そんな事情《じじょう》は知《し》らず、お腹《なか》をすかせて親鳥《おやどり》を待《ま》ちつづけます。

けれども空腹《くうふく》にたえきれなくなると、ヒナたちだけで海《うみ》

へと向《む》かいます。「パパやママがいつもエサをもってきてくれる方向《ほうこう》をめざせばよいはず」と気《き》づくのです。これが、ヒナが一人前《いちにんまえ》の〝大人《おとな》（成鳥《せいちょう》）〟になること、つまり「巣立《すだ》ち」です。

ぺんたポイント

巣立《すだ》ちに向けて、ヒナもみんなで1列《れつ》になって海《うみ》に向《む》かうよぉ～

われらペンギン
巣立《すだ》ち隊《たい》！

11月《がつ》 30日《にち》

天気《てんき》（晴《は》れ）

（マイナス2℃）

「わあああああ！　これが海《うみ》!!」

海《うみ》についた！　わーーー、これが海《うみ》！

きれいだなあ。　おっきいなあ。

ザブーンザブーンって音《おと》がしてる。

どこまでつづいてるんだろう？

パパとママはどこにいるんだろう？

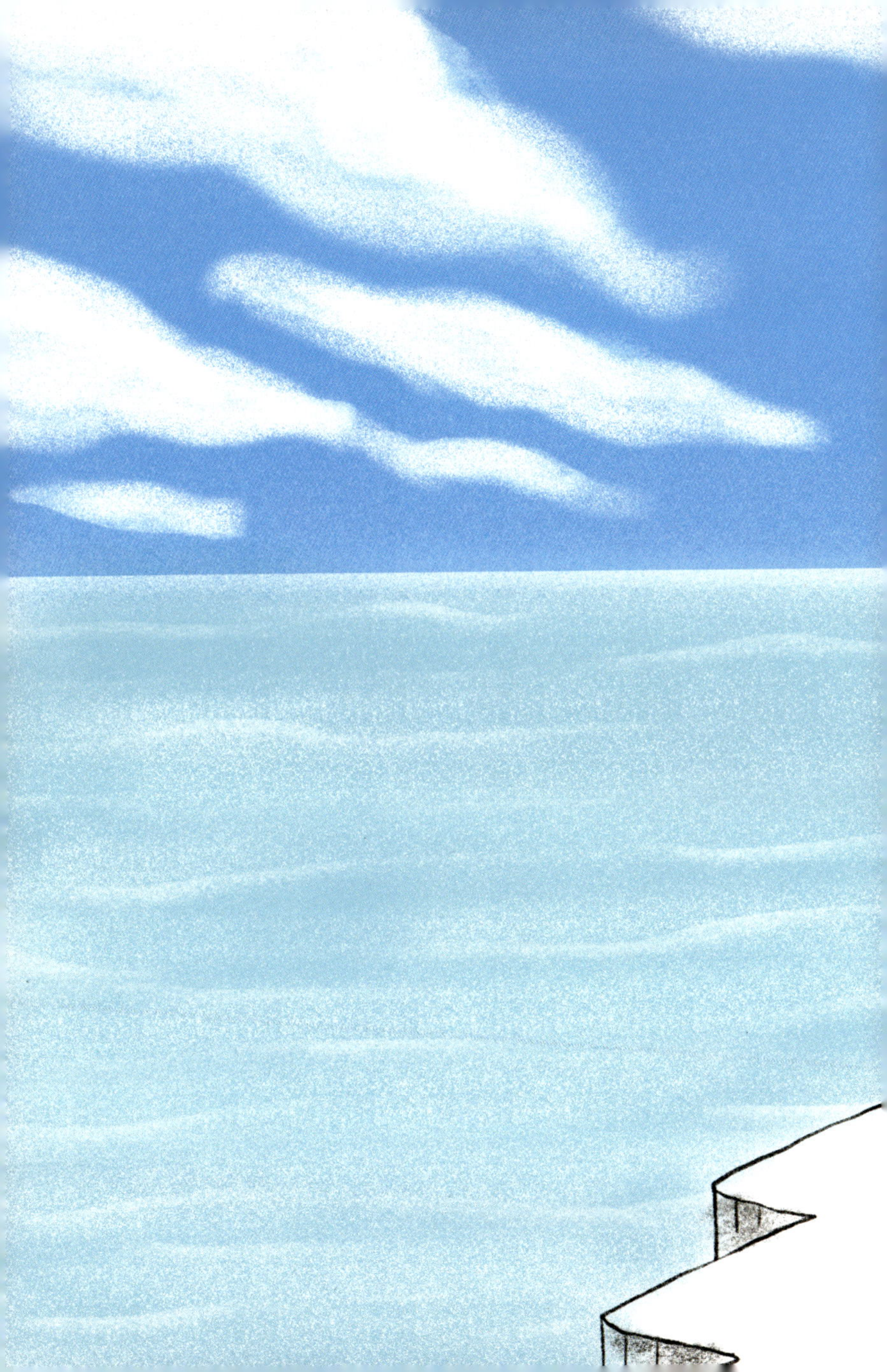

はじめての海《うみ》！

巣立《すだ》ちの季節《きせつ》、夏《なつ》。お腹《なか》をすかせたヒナたちは、集団《しゅうだん》で海《うみ》へと向《む》かいます。親鳥《おやどり》たちが最初《さいしょ》に海《うみ》からコロニーにやってきたときは、片道《かたみち》で約《やく》3週間《しゅうかん》もかかりましたが、この時季《じき》になると、そのきょりはうんと短《みじか》くなっています。理由《りゆう》は「ペンギンたちがくらしている浮氷《ふひょう》が、気温《きおん》が上《あ》がったことで、かなり解《と》けているから」。

コロニーによって海《うみ》までのきょりはちがいますが、長《なが》くても数日《すうじつ》、短《みじか》い場合《ばあい》は1日《にち》たらずで海《うみ》にたどりつけるのです。

ヒナたちにとっては、はじめて見《み》る海《うみ》です。

ぺんたポイント

ペンギンは、一生《いっしょう》の約《やく》7割《わり》を海《うみ》で過《す》ごすけど、最初《さいしょ》の半年《はんとし》はまったく海《うみ》を見《み》ないで育《そだ》つんだよぉ～

南極の冬
7月
海まで1ヶ月…
ブリザードの中
すすむよ

南極の夏
12月
氷がとけてる！
海が近いね
2〜3日で
着いちゃう！
みんな〜
こっちだよー！

12月《がつ》　1日《たち》

天気《てんき》（晴《は》れ）　（マイナス1℃）

「きょうはこわくて入《はい》れなかった…」

みんなできょうこそ海《うみ》に入《はい》ってみよう、って
はなしてたんだけど、こわくて入《はい》れなかった。
ぼくもこわくて、おぼれちゃったらどうしよう、
とかかんがえちゃって……。
でも、おなかすいてグーグーなってるから
あしたこそは入《はい》ってお魚《さかな》さがさないと。
パパとママ、むかえにきてくれないかな……。

すぐには、海《うみ》に入《はい》れない……

海《うみ》についたヒナたちが、「すぐに入《はい》れる」とは限《かぎ》りません。海岸線《かいがんせん》をながめながら氷《こおり》の上《うえ》でうろちょろしたり、体《からだ》の一部《いちぶ》をバチャバチャと水《みず》につけたりして、時間《じかん》を過《す》ごすこともあります。人間《にんげん》と同《おな》じく、皇帝《こうてい》ペンギンにとっても「はじめての海《うみ》」は〝コワい〟ものなのです。

海《うみ》のなかにちゃんと全身《ぜんしん》が入《はい》るまでに3日《みっか》ほどかかることもめずらしくありません。長《なが》

人間《にんげん》でたとえると…

いときには1週間《しゅうかん》かかることも。また、海《うみ》に入《はい》れても「もぐる」のにさらに時間《じかん》がかかります。

ぺんたポイント

南極《なんきょく》にいるペンギンの仲間《なかま》の、アデリーペンギンがやってきて、背中《せなか》を押《お》して海《うみ》にいれてくれることもあるよぉ～！

12月《がつ》　3日《か》

天気《てんき》（晴《は》れ）
（マイナス1℃）

「これが海《うみ》！　ほんとだ！　ぼく海《うみ》をとんでる！」

ぼく、さいしょにとびこんでみる。
いくよ……えいっ！（ザブン……）
わあああああ、海《うみ》のなかってあったかいんだ！
ぼく、海《うみ》のなかをとんでる！
ママが言《い》ったとおりだ。
ぼく、とんでる！
ペンギンは海《うみ》をとべるんだ!!

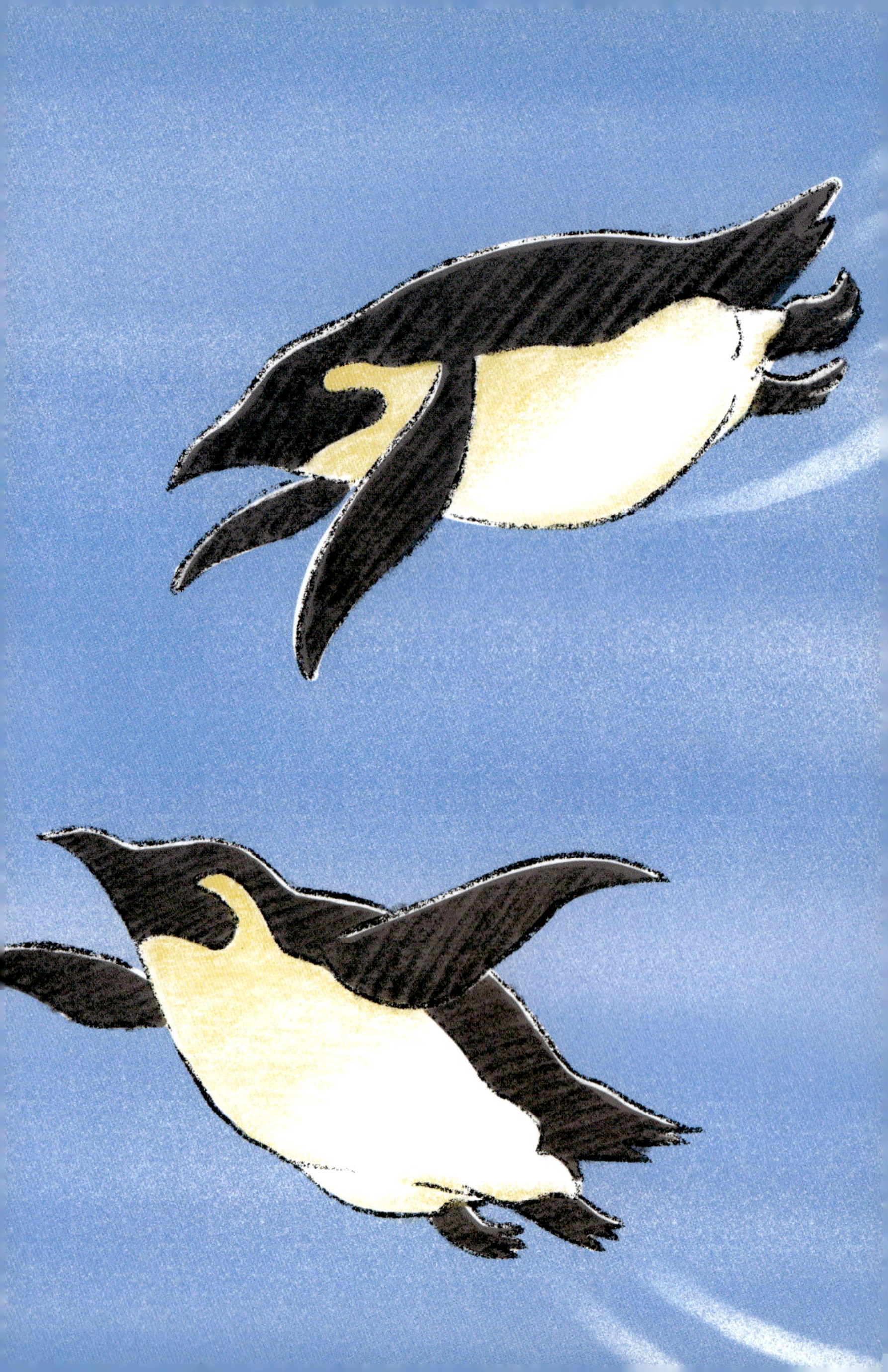

はじめて泳《およ》いだ！

海《うみ》を見《み》るのも、水《みず》に入《はい》るのもはじめて……。ヒナたちは、海《うみ》に飛《と》び込《こ》むまでに数日間《すうじつかん》もかかります。

でも、ちょっとしたきっかけで「ドボン、ドボン！」数回《すうかい》泳《およ》げば、名《めい》スイマーに変身《へんしん》です。

1 28分《ふん》も息《いき》つぎなしでいられるよ

ペンギンの血液《けつえき》は、人間《にんげん》よりずっと多《おお》くの酸素《さんそ》をたくわえることができます。
また、肺以外《はいいがい》にも気嚢《きのう》という空気《くうき》をためる袋《ふくろ》をもっているので水《みず》のなかに長《なが》くいられるのです。

2 水《みず》の中《なか》でも目《め》を開《あ》けていられるよ

ペンギンは、目《め》の筋肉《きんにく》の力《ちから》で水晶体《すいしょうたい》（レンズ）の厚《あつ》みを一瞬《いっしゅん》で変《か》えられます。水中《すいちゅう》でも空気中《くうきちゅう》でも、ピントをすぐ合《あ》わせられ、水中《すいちゅう》メガネをつけずに海中《かいちゅう》を広《ひろ》く遠《とお》くまで見《み》ることができます。

3 深《ふか》さ500mまでもぐれるよ

ペンギンはすごい速《はや》さでもぐり、数分《すうふん》で水深《すいしん》500mまで到達《とうたつ》することができます。人間《にんげん》は10mほどまでしかもぐれないので、その差《さ》は50倍《ばい》！

ぺんたポイント

ヒナが海《うみ》に入《はい》ってから、大人《おとな》と同《おな》じように泳《およ》げるまでは約《やく》1年《ねん》かかるよぉ～

4 水《みず》の抵抗《ていこう》が一番小《いちばんちい》さい！

体《からだ》のかたちがラグビーボール形《がた》のうえ、体《からだ》の表面《ひょうめん》が「羽毛《うもう》、空気《くうき》、皮《ひ》ふ、脂肪《しぼう》」と四重《よんじゅう》のつくりになっているので、水《みず》の抵抗《ていこう》を受《う》けにくくなっています。

5 じつはマッチョ！

皇帝《こうてい》ペンギンを触《さわ》ってみると、じつはとっても「固《かた》い」！筋肉《きんにく》がしっかりついていて、とってもマッチョなんです。この筋肉《きんにく》があるおかげで、海《うみ》でとってもすばやく泳《およ》げます。

6 水《みず》に浮《う》いて寝《ね》るよ

皇帝《こうてい》ペンギンは、水《みず》の上《うえ》で眠《ねむ》ります。熟睡《じゅくすい》してしまうと天敵《てんてき》におそわれてしまうため、約《やく》10秒《びょう》ほどの短《みじか》い睡眠《すいみん》をこまぎれでとります。

7 泳《およ》ぐ速《はや》さは金《きん》メダリストの3倍《ばい》！

皇帝《こうてい》ペンギンの泳《およ》ぐ速《はや》さは秒速約《びょうそくやく》5.5m（時速約《じそくやく》20㎞）です。2016年《ねん》のオリンピックの金《きん》メダリストは100mを48秒《びょう》で泳《およ》ぐので、約《やく》3倍《ばい》もの速《はや》さで泳《およ》ぐことができるんです。

12月《がつ》 4日《か》

天気《てんき》（晴《は》れ）

（マイナス2℃）

「パパ、ママ、ただいま！」

わ――――！

パパだ！ ママだ!!

会《あ》いたかったよぉ――！

ぼく、海《うみ》に入《はい》れたよ！

ここまでこれたよ!!

パパ、ママ、ただいまぁぁ!!!!

製作

ペンギン飛行機製作所
penguin airplane factory

「暮らしの"不都合"を"うれしい"に変える」を合言葉に、暮らしにまつわるさまざまな記事を製作。また、皇帝ペンギンのヒナで、寝ぐせがトレードマークの「ぺんた」とピンクのリボンがかわいい「小春」の関連グッズを製作している。また、ぺんたと小春の日常をつづる絵本のようなインスタグラム「ペンスタグラム」が「いやされる!」と人気になっている。ぺんたは、2005年にアカデミー賞の長編ドキュメンタリー賞を獲得した映画「皇帝ペンギン」の第二弾、「皇帝ペンギン　ただいま」の公式キャラクターもつとめている。

◎公式サイト
https://penguin-hikoki.com

◎公式インスタグラム「ペンスタグラム」
https://www.instagram.com/penguinhikoki

◎公式ツイッター
https://twitter.com/penguinhikoki

◎公式フェイスブック
https://www.facebook.com/penguinhikoki/

◎ぺんたが勝手にはじめた非公式ツイッター
https://twitter.com/tobitaipenta

監修者 上田一生（うえだ・かずおき）

日本一のペンギン博士。1954年、東京都生まれ。國學院大学文学部史学科卒業、ペンギン会議研究員、目黒学院高等学校教諭。1970年以降ペンギンに関する研究を開始し、1987年からペンギンの保全・救護活動を本格的にはじめる。1988年、「第1回国際ペンギン会議」に唯一のアジア人として参加。ペンギン研究のため、南極に3度訪れている。国内外十数か所の動物園・水族館のペンギン展示施設の監修を行っている。2016年以降、国際自然保護連合（IUCN）のペンギンスペシャリストグループ（PSG）メンバーとして活動中。『ペンギンの世界』（岩波新書）など著書多数。

世界一おもしろい ペンギンのひみつ

2018年7月30日　初版発行
2018年9月5日　第4刷発行

監修　上田一生
発行人　植木宣隆
発行所　株式会社サンマーク出版
〒169-0075
東京都新宿区高田馬場2-16-11
電話　03−5272−3166
印刷　共同印刷株式会社
製本　株式会社若林製本工場

ISBN978-4-7631-3707-4 C8045
ホームページ　http://www.sunmark.co.jp

ブックデザイン
河南祐介、五味聡、塚本望来、
藤田真央(FANTAGRAPH)
塚原麻衣子
校閲　鷗来堂
DTP　天龍社
イラスト　かなざわまこと(絵日記、P70、71、108、109)
たかむらすずな(P26、27、38、39、42、43、61、74、75、88、89、94、95、100、101、126、127、145、155)
栞子(P20、21、31、34、35、46、47、131、138、139、148、149)
よねこめ(P50、51、78、79、84、85、114、115、120、121、134、135)
大崎メグミ(P16、17、56、57、66、67、116、117)

製作「ペンギン飛行機製作所」の所員たち
◎所長：黒川精一
◎所員：新井俊晴、池田るり子、浅川紗也加、荒井聡、荒木宰、吉田翼、戸田江美、はっとりみどり、鈴木江実子、山守麻衣